GÂTEAUX
INVISIBLES

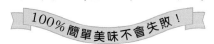

奇妙隱形蛋糕

100% 簡單美味不會失敗！

Mélanie Martin 梅蘭妮・馬汀　著

Bernard Radvaner 伯納・哈瓦內　攝影

Motoko Okuno 奧野琴子　風格設計

出版菊

Sommaire 目錄

Introduction 介紹

隱形蛋糕？！

當我第一次聽到蛋糕可以隱形，感到相當困惑。我在「blogoculinosphère 料理星球部落格」上進行搜尋，結果找到「Eryn folle cuisine 艾琳瘋狂料理」。在艾琳的部落格中，已經用這種難以置信的方式製作蘋果隱形蛋糕多年！自此之後，人們便爭相搶奪這出奇柔軟的著名配方。

難以用筆墨形容，這道糕點介於法式蛋塔(flan)、克拉芙緹(clafoutis) 和烤水果(gratin à base de fruits) 之間，一種柔軟又特別的糕點。所含的水果比麵糊還多，幾乎看不到麵糊…這讓蛋糕如同隱形。這樣的隱形蛋糕讓嘴饞不再罪惡，實際上這種超級清爽的蛋糕，消除了所有饕客、甜點愛好者的罪惡感。

別再等待，讓自己臣服於各種甜鹹口味隱形蛋糕的誘惑吧。就從探索書中30道既美味又簡單的配方開始！

製作重點：

1. 全蛋與糖混合，請務必攪拌到顏色由深黃變淺，微微發泡。

2. 因為隱形蛋糕材料大部分是水果或蔬菜，會依烘烤中水份含量釋出，而影響麵糊的凝結，請依不同烤箱調整烘烤時間，麵糊凝結即已烘烤完成。

3. 書中的烘烤採用對流式傳熱烤箱製作，如果使用旋風式烤箱請降低10℃。

4. 模型需要先刷上室溫軟化的奶油並撒上麵粉，以方便脫模。使用直徑或邊長20公分的圓型模、長方、正方模均可，也可以使用單人份的多個小模型製作。

5. 隱形蛋糕完全冷卻及冰涼後會比較好切，但微溫或室溫品嚐最美味，您可用微波的方式將蛋糕快速加熱，或是鋪上鋁箔紙烘烤幾分鐘。

感謝 Anne 安娜一直以來對我的信任，以及艾琳的部落格 erynfollecuisine.canalblog.com 帶給我撰寫這些配方的靈感。

Mélanie Martin
梅蘭妮・馬汀

Bien réussir
le gâteau invisible

不會失敗的隱形蛋糕

選擇適合的蔬果

所有您能輕易切成薄片的水果、蔬菜都可作為隱形蛋糕的餡料。蘋果、洋梨、奇異果、香蕉、南瓜、馬鈴薯、甜菜…等，都是理想的食材。請盡情組合各種水果、蔬菜，並以香料裝點，為隱形蛋糕增添風味！

適當地切片

隱形蛋糕由許多水果、蔬菜所構成，而這又大大影響著成品的口感。用來製作隱形蛋糕的水果、蔬菜必須盡可能切得薄。因此，使用切片器（mandoline）是最簡單也最實用的方法，可將水果、蔬菜切成大小一致的薄片。您也能使用裝有切盤（disque éminceur）的食物調理機。

若您既無食物調理機，也無切片器，一把鋒利的好刀也能幫您達成任務。無論如何，請務必將水果、蔬菜切成大小一致的薄片，以利均勻地烘烤。

適當的模具

不論是正方形、長方形還是圓形，請勿選擇過大的模型。直徑或邊長約20cm的模型就已足夠，或是多個小模型。烘烤時，只要水果或蔬菜片在模型內排列整齊，將隱形蛋糕切開時就會很漂亮。不要使用過大的模型，您就能烤出較厚的隱形蛋糕。

L'invisible
pomme-vanille

蘋果香草隱形蛋糕

6人份 • 準備時間：20分鐘 • 烹調時間：35-40分鐘

Les Ingrédients

蘋果（pink lady、golden 或
reine des reinettes品種）.............. 6顆
香草莢（gousse de vanille）........... 1根
全蛋.. 2顆
紅糖（sucre roux）....................... 50克
奶油.. 20克
牛乳.. 100毫升
低筋麵粉.................................... 70克
泡打粉（levure chimique）........... 11克
鹽... 1撮

直徑20公分的圓形模型
（或邊長20公分的方形烤模）

室溫放軟的奶油........................... 30克
低筋麵粉.................................... 30克

La Recette 配方

1. 製作麵糊。用刀將香草莢剖開成兩半，用刀背將籽刮下。將全蛋打在容器中，然後倒入糖和香草籽。用網狀攪拌器（fouet）快速攪打至混合物起泡並泛白。

2. 將奶油加熱至融化。接著和牛乳一起倒入上述混合物中並攪拌均勻。將低筋麵粉、泡打粉和鹽倒在一起；緩緩過篩加入攪拌。麵糊必須均勻且不結塊。

3. 將烤箱預熱至200℃（熱度6-7）。用水果刀（économe）為蘋果削皮，切成4塊後去掉果核。用切片器（或用食物調理機的切盤）將每塊蘋果切成很薄的薄片，一一放入麵糊。輕輕地攪拌均勻，用麵糊包覆蘋果，以免蘋果因氧化而變黑。

4. 用糕點刷為模型刷上奶油並撒上麵粉，接著迅速地將模型倒扣地敲在工作檯上，以去除多餘的麵粉。倒入均勻包裹了麵糊的蘋果，用抹刀（spatule）將表面抹平。烘烤35-40分鐘，表面必須烤成金黃色。

5. 放至微溫後切塊。您可在微溫或冷卻後品嚐這隱形蛋糕。

L'invisible

pomme et pralin

蘋果帕林內隱形蛋糕

6人份 ● 準備時間：20分鐘 ● 烹調時間：35-40分鐘

Les Ingrédients

蘋果（pink lady、golden 或
reine des reinettes 品種） 6顆
帕林內果仁糖粒（pralin） 2大匙
全蛋 2顆
紅糖 50克
榛果油（huile de noisette） 1大匙
牛乳 100毫升
低筋麵粉 70克
泡打粉 11克
鹽 1撮

**直徑20公分的圓形模型
（或邊長20公分的方形烤模）**

室溫放軟的奶油 30克
低筋麵粉 30克

＊帕林內果仁糖粒（pralin）是指烤過的杏仁或榛
果粒混合等量的糖。

La Recette 配方

1. 製作麵糊。將全蛋打在容器中，並倒入糖。用
網狀攪拌器快速攪打至混合物起泡並泛白。接著倒
入榛果油和牛乳，攪拌均勻。將低筋麵粉、泡打粉
和鹽倒在一起，緩緩過篩加入攪拌。麵糊必須均勻
且不結塊。

2. 將烤箱預熱至200℃（熱度6-7）。用水果刀為
蘋果削皮，切成4塊後去掉果核。用切片器（或用
食物調理機的切盤）將每塊蘋果切成很薄的薄片，
一一放入麵糊。輕輕地攪拌均勻，用麵糊包覆蘋
果，以免蘋果因氧化而變黑。

3. 用糕點刷為模型刷上奶油並撒上麵粉，接著迅
速地將模型倒扣地敲在工作檯上，以去除多餘的麵
粉。倒入均勻包裹了麵糊的蘋果，用抹刀將表面抹
平。烘烤35-40分鐘，表面必須烤成金黃色。

4. 放至微溫後在表面撒上果仁糖粒。您可在微溫
或冷卻後品嚐這隱形蛋糕。

L'invisible
poire et éclats de chocolat noir

洋梨黑巧克力碎片隱形蛋糕

6人份 ● 準備時間：20分鐘 ● 烹調時間：35-40分鐘

Les Ingrédients

洋梨（conférence品種）.................. 6顆
黑巧克力（chocolat noir）............ 40克
全蛋 2顆
紅糖 50克
奶油 20克
牛乳 100毫升
低筋麵粉 70克
泡打粉 11克
鹽 1撮

直徑20公分的圓形模型
（或邊長20公分的方形烤模）

室溫放軟的奶油 30克
低筋麵粉 30克

La Recette 配方

1. 製作麵糊。將全蛋打在容器中，並倒入糖。用網狀攪拌器快速攪打至混合物起泡並泛白。將奶油加熱至融化。接著和牛乳一起倒入上述混合物中並攪拌均勻。將低筋麵粉、泡打粉和鹽倒在一起，緩緩過篩加入攪拌。麵糊必須均勻且不結塊。

2. 將烤箱預熱至200℃（熱度6-7）。用水果刀為洋梨削皮，切成4塊後去掉果核。用切片器（或用食物調理機的切盤）將每塊洋梨切成很薄的薄片，一一放入麵糊。輕輕地攪拌均勻，用麵糊包覆洋梨，以免洋梨因氧化而變黑。

3. 用糕點刷為模型刷上奶油並撒上麵粉，接著迅速地將模型倒扣地敲在工作檯上，以去除多餘的麵粉。倒入均勻包裹了麵糊的洋梨，用抹刀將表面抹平。烘烤35-40分鐘，表面必須烤成金黃色。

4. 用鋸齒刀（couteau à pain）將巧克力切成碎片。出爐後，將巧克力碎片撒在蛋糕上，讓巧克力因蛋糕的熱度而融化。您可在微溫或冷卻後品嚐這隱形蛋糕。

L'invisible
pêche et pomme reinette

小皇后蘋果蜜桃隱形蛋糕

6人份 ● 準備時間：20分鐘 ● 烹調時間：35-40分鐘

Les Ingrédients

不會過熟的蜜桃（pêche de vigne）.. 4顆
蘋果（reinettes品種）..................... 3顆
全蛋 2顆
紅糖 50克
奶油 20克
牛乳 100毫升
低筋麵粉 70克
泡打粉 11克
鹽 1撮

直徑20公分的圓形模型
（或邊長20公分的方形烤模）

室溫放軟的奶油 30克
低筋麵粉 30克

La Recette 配方

1. 製作麵糊。將全蛋打在容器中，並倒入糖。用網狀攪拌器快速攪打至混合物起泡並泛白。將奶油加熱至融化，接著和牛乳一起倒入上述混合物中並攪拌均勻。將低筋麵粉、泡打粉和鹽倒在一起，緩緩過篩加入攪拌。麵糊必須均勻且不結塊。

2. 將烤箱預熱至200℃（熱度6-7）。用水果刀為桃子削皮並切成4塊，接著去掉果核。用切片器或鋒利的刀子，將每塊桃子切成很薄的薄片。

3. 用水果刀為蘋果削皮，切成4塊後去掉果核。用切片器將每塊蘋果切成很薄的薄片。將水果一一放入麵糊。輕輕地攪拌均勻，用麵糊包覆水果。

4. 用糕點刷為模型刷上奶油並撒上麵粉，接著迅速地將模型倒扣地敲在工作檯上，以去除多餘的麵粉。倒入均勻包裹了麵糊的水果，用抹刀將表面抹平。烘烤35-40分鐘，表面必須烤成金黃色。

5. 放至微溫後切塊。您可在微溫或冷卻後品嚐這隱形蛋糕。

L'invisible
pomme et poire à la badiane

八角茴香蘋梨隱形蛋糕

6人份 ● 準備時間：20分鐘 ● 烹調時間：35-40分鐘

Les Ingrédients

蘋果（pink lady、golden 或
reine des reinettes 品種）.............. 3顆
洋梨（conférence 品種）................. 3顆
全蛋 2顆
紅糖 50克
奶油 20克
八角茴香粉（badiane en poudre）1小匙
牛乳 100毫升
低筋麵粉 70克
泡打粉 11克
鹽 1撮

直徑20公分的圓形模型
（或邊長20公分的方形烤模）

室溫放軟的奶油 30克
低筋麵粉 30克

La Recette 配方

1. 製作麵糊。將全蛋打在容器中，並倒入糖。用網狀攪拌器快速攪打至混合物起泡並泛白。將奶油加熱至融化，和八角茴香粉及牛乳一起倒入上述混合物中，接著攪拌均勻。將低筋麵粉、泡打粉和鹽倒在一起，緩緩過篩加入攪拌。麵糊必須均勻且不結塊。

2. 將烤箱預熱至200℃（熱度6-7）。用水果刀為蘋果和洋梨削皮，切成4塊後去掉果核。用切片器（或用食物調理機的切盤），將每塊水果切成很薄的薄片，一一放入麵糊中。輕輕地攪拌均勻，用麵糊包覆水果。

3. 用糕點刷為模型刷上奶油並撒上麵粉，接著迅速地將模型倒扣地敲在工作檯上，以去除多餘的麵粉。倒入均勻包裹了麵糊的水果，用抹刀將表面抹平。烘烤35-40分鐘，表面必須烤成金黃色。

4. 放至微溫後切塊。您可在微溫或冷卻後品嚐這隱形蛋糕。

L'invisible
coing et citron

榲桲檸檬隱形蛋糕

6人份 ● 準備時間：35分鐘 ● 烹調時間：35-40分鐘

Les Ingrédients

coing 榲桲

榲桲（coing） 依大小而定3-4顆
（約900克）
水 1公升
細砂糖（sucre en poudre） 50克
香草粉（vanille en poudre） 1小匙

pâte 麵糊

未經加工處理的黃檸檬 1顆
全蛋 2顆
紅糖 50克
奶油 20克
牛乳 100毫升
低筋麵粉 70克
泡打粉 11克
鹽 1撮

直徑20公分的圓形模型
（或邊長20公分的方形烤模）

室溫放軟的奶油 30克
低筋麵粉 30克

＊香草粉（vanille en poudre）是將香草莢乾燥
後磨成細粉。

La Recette 配方

1. 將榲桲沖水洗淨，去皮後切成4塊並去籽。將榲桲和切下的皮等一起放入裝了水、糖和香草粉的平底深鍋中；煮沸後將火轉小。再煮8至10分鐘，直到榲桲塊變軟。瀝乾後放涼。

2. 製作麵糊。用刨絲器（râpe）刨下半顆檸檬的皮。將全蛋打在容器中，並倒入糖。用網狀攪拌器快速攪打至混合物起泡並泛白。將奶油加熱至融化，和牛乳一起倒入上述混合物中，加入檸檬皮後攪拌均勻。將低筋麵粉、泡打粉和鹽倒在一起，緩緩過篩加入攪拌。麵糊必須均勻且不結塊。

3. 將榲桲塊切成薄片，然後一一放入麵糊中。輕輕地攪拌，讓麵糊完整地包覆水果。

4. 將烤箱預熱至200℃（熱度6-7）。用糕點刷為模型刷上奶油並撒上麵粉，接著迅速地將模型倒扣地敲在工作檯上，以去除多餘的麵粉。倒入均勻包裹了麵糊的榲桲薄片，用抹刀將表面抹平。烘烤35-40分鐘，表面必須烤成金黃色。

5. 放至微溫後切塊。您可在微溫或冷卻後品嚐這隱形蛋糕。

Astuce 小訣竅

您可在麵糊的材料中額外加入30克的糖，讓隱形蛋糕更加美味。

L'invisible
nectarine à l'amande amère

苦杏甜桃隱形蛋糕

6人份 ● 準備時間：25分鐘 ● 烹調時間：35-40分鐘

Les Ingrédients

不會過熟的甜桃(nectarine) 8顆
去皮杏仁(amandes émondées).. 40克
全蛋 2顆
紅糖 50克
奶油 20克
苦杏仁精(amande amère) 1小匙
牛乳 100毫升
低筋麵粉.................................. 70克
泡打粉 11克
鹽 1撮

直徑20公分的圓形模型
（或邊長20公分的方形烤模）

室溫放軟的奶油 30克
低筋麵粉................................... 30克

La Recette 配方

1. 製作麵糊。將全蛋打在容器中，並倒入糖。用網狀攪拌器快速攪打至混合物起泡並泛白。將奶油加熱至融化。接著和苦杏仁精及牛乳一起倒入上述混合物中，接著攪拌均勻。將低筋麵粉、泡打粉和鹽倒在一起，緩緩過篩加入攪拌。麵糊必須均勻且不結塊。

2. 將烤箱預熱至200℃（熱度6-7）。清洗甜桃並切成4塊，去掉果核。用切片器或鋒利的刀將每塊甜桃切成很薄的薄片，一一放入麵糊中。輕輕地攪拌均勻，用麵糊包覆水果。

3. 用糕點刷為模型刷上奶油並撒上麵粉，接著迅速地將模型倒扣地敲在工作檯上，以去除多餘的麵粉。倒入均勻包裹了麵糊的甜桃，用抹刀將表面抹平。烘烤35-40分鐘，表面必須烤成金黃色。

4. 以刀將杏仁切碎。將蛋糕放至微溫後撒上杏仁碎。您可在微溫或冷卻後品嚐這隱形蛋糕。

L'invisible
granny-smith et caramel au beurre salé

鹹奶油焦糖青蘋果隱形蛋糕

6人份 ● 準備時間：25分鐘 ● 烹調時間：35-40分鐘

Les Ingrédients

青蘋果（granny-smith 品種）........... 6顆
全蛋 2顆
紅糖 50克
奶油 20克
牛乳 100毫升
低筋麵粉 70克
泡打粉 11克
鹽 1撮

caramel au beurre sale
鹹奶油焦糖

細砂糖 250克
半鹽奶油（beurre demi-sel）....... 200克
液狀鮮奶油（creme liquide）.... 250毫升

直徑20公分的圓形模型
（或邊長20公分的方形烤模）

室溫放軟的奶油 30克
低筋麵粉 30克

Astuce 小訣竅

若您不喜歡皮的口感，可將青蘋果削皮後使用。

La Recette 配方

1. 製作麵糊。將全蛋打在容器中，並倒入糖。用網狀攪拌器快速攪打至混合物起泡並泛白。將奶油加熱至融化，接著和牛乳一起倒入上述混合物中，接著攪拌均勻。將低筋麵粉、泡打粉和鹽倒在一起，緩緩過篩加入攪拌。麵糊必須均勻且不結塊。

2. 將烤箱預熱至200℃（熱度6-7）。將青蘋果切成4塊後去掉果核。用切片器（或用食物調理機的切盤）將每塊水果切成很薄的薄片，一一放入麵糊中。輕輕地攪拌均勻，用麵糊包覆蘋果，以免蘋果因氧化而變黑。

3. 用糕點刷為模型刷上奶油並撒上麵粉，接著迅速地將模型倒扣地敲在工作檯上，以去除多餘的麵粉。倒入均勻包裹了麵糊的青蘋果，用抹刀將表面抹平。烘烤35-40分鐘，表面必須烤成金黃色。

4. 在烘烤期間製作鹹奶油焦糖。在平底深鍋中以文火將糖加熱至融化，煮成液狀焦糖。混入切塊的半鹽奶油，攪拌至混合物均勻。離火，倒入液狀鮮奶油並加以攪拌。

5. 將隱形蛋糕放至微溫後切塊，再淋上一些鹹奶油焦糖。您可在微溫或冷卻後品嚐這隱形蛋糕。

L'invisible
poires épicées et sorbet à la prune

香梨李子雪酪隱形蛋糕

6人份 ● 準備時間：20分鐘 ● 烹調時間：35-40分鐘 ● 器具：果汁機

Les Ingrédients

洋梨（conférence品種） 6顆
全蛋 2顆
紅糖 50克
奶油 20克
牛乳 100毫升
低筋麵粉 70克
泡打粉 11克
四香粉（quatre-épices） 1小匙
鹽 1撮

sorbet à la prune
李子雪酪

紅李（prunes rouges） 450克
未經加工處理的黃檸檬 1顆
細砂糖 150克
水 150毫升

直徑20公分的圓形模型
（或邊長20公分的方形烤模）

室溫放軟的奶油 30克
低筋麵粉 30克

＊四香粉（Quatre-épices）混合了薑粉、肉桂、丁香、肉豆蔻…等香料製成。

La Recette 配方

1. 製作雪酪。將李子浸入一大鍋沸水中35至45秒。瀝乾後放入一盆非常冰涼的水中。待李子冷卻後剝皮，接著切成兩半並挖去果核。

2. 用刨絲器刨下半顆檸檬的皮，接著將檸檬榨汁，取得50毫升的檸檬汁。在平底深鍋中倒入水、糖、檸檬汁和檸檬皮。將所有材料快速煮沸，一邊攪拌，讓糖溶解。將糖漿放至完全冷卻。

3. 在果汁機中倒入李子和冷卻的糖漿，打成果泥。倒入模型中，以保鮮膜包好，冷凍1小時。用叉子刮破結晶，接著再冷凍2小時，直到雪酪凝固。享用前再將雪酪倒入果汁機中，攪打1至2分鐘，讓雪酪軟化。

4. 依第16頁的說明製作蛋糕麵糊，同時加入四香粉和低筋麵粉。將烤箱預熱至200℃（熱度6-7）。

5. 用水果刀為洋梨削皮，切成4塊後去掉果核。用切片器（或用食物調理機的切盤）將洋梨切成很薄的薄片，一一放入裝有麵糊的容器中。

6. 用糕點刷為模型刷上奶油並撒上麵粉，接著迅速地將模型倒扣地敲在工作檯上，以去除多餘的麵粉。倒入均勻包裹了麵糊的洋梨片，用抹刀將表面抹平。烘烤35-40分鐘，表面必須烤成金黃色。放至微溫後切塊。您可在微溫或冷卻後搭配一球的李子雪酪來品嚐這隱形蛋糕。

L'invisible
fraise et nectarine

草莓甜桃隱形蛋糕

6人份 ● 準備時間：25分鐘 ● 烹調時間：35-40分鐘

Les Ingrédients

不會過熟的甜桃（nectarines）.........5顆
草莓（大顆）............................300克
全蛋...2顆
紅糖..50克
奶油..20克
牛乳.......................................100毫升
低筋麵粉....................................70克
泡打粉.......................................11克
鹽..1撮

**直徑20公分的圓形模型
（或邊長20公分的方形烤模）**

室溫放軟的奶油...........................30克
低筋麵粉....................................30克

La Recette 配方

1. 製作麵糊。將全蛋打在容器中，並倒入糖。用網狀攪拌器快速攪打至混合物起泡並泛白。將奶油加熱至融化，接著和牛乳一起倒入上述混合物中並攪拌均勻。將低筋麵粉、泡打粉和鹽倒在一起，緩緩過篩加入攪拌。麵糊必須均勻且不結塊。

2. 將烤箱預熱至200℃（熱度6-7）。清洗甜桃並切成4塊，去掉果核。用切片器或鋒利的刀將每塊甜桃切成很薄的薄片。用水快速沖洗草莓，晾乾並去蒂。將草莓切成薄片。將水果一一放入麵糊中。輕輕地攪拌均勻，用麵糊包覆水果。

3. 用糕點刷為模型刷上奶油並撒上麵粉，接著迅速地將模型倒扣地敲在工作檯上，以去除多餘的麵粉。倒入均勻包裹了麵糊的水果片，用抹刀將表面抹平。烘烤35-40分鐘，表面必須烤成金黃色。

4. 放至微溫後切塊。您可在微溫或冷卻後品嚐這隱形蛋糕。

L'invisible
pomme et coing

蘋果榅桲隱形蛋糕

6人份 • 準備時間：35分鐘 • 烹調時間：35-40分鐘

Les Ingrédients

fruit 水果

蘋果（pink lady、golden 或 reine des reinettes 品種）	4顆
榅桲（coing）	1大顆
水	1公升
糖	50克
香草粉	1小匙

pâte 麵糊

全蛋	2顆
紅糖	50克
奶油	20克
牛乳	100毫升
低筋麵粉	70克
泡打粉	11克
鹽	1撮

noisette 榛果

榛果	100克
糖粉（sucre glace）	20克

直徑20公分的圓形模型
（或邊長20公分的方形烤模）

室溫放軟的奶油	30克
低筋麵粉	30克

La Recette 配方

1. 依第22頁的說明處理榅桲。

2. 依第16頁的說明製作麵糊。

3. 將烤箱預熱至200°C（熱度6-7）。用水果刀為蘋果削皮，切成4塊後去掉果核。用切片器（或用食物調理機的切盤）將每塊蘋果切成很薄的薄片，一一放入麵糊中。加入瀝乾並切成薄片的榅桲，接著攪拌均勻。

4. 用糕點刷為模型刷上奶油並撒上麵粉，接著迅速地將模型倒扣地敲在工作檯上，以去除多餘的麵粉。倒入均勻包裹了麵糊的水果薄片，用抹刀將表面抹平。烘烤35-40分鐘，表面必須烤成金黃色。

5. 在這段時間裡，將榛果切碎並用平底煎鍋乾炒出香味。榛果一炒成金黃色，就撒上糖粉，攪拌後撒在出爐的隱形蛋糕上。放至微溫後切塊。

* 香草粉（vanille en poudre）是將香草莢乾燥後磨成細粉。

32

L'invisible
poire et banane au chocolat

香蕉洋梨巧克力隱形蛋糕

6人份 ● 準備時間：20分鐘 ● 烹調時間：35-40分鐘

Les Ingrédients

不會過熟的香蕉 3根
洋梨（conférence品種）................. 3顆
烘焙用黑巧克力
（Chocolat noir pâtissier）........... 50克
全蛋 2顆
紅糖 50克
奶油 20克
牛乳 100毫升
低筋麵粉 70克
泡打粉 11克
鹽 1撮

直徑20公分的圓形模型
（或邊長20公分的方形烤模）

室溫放軟的奶油 30克
低筋麵粉 30克

La Recette 配方

1. 製作麵糊。將巧克力切碎，並以極小的火隔水加熱至融化。將全蛋打在容器中，並倒入糖。用網狀攪拌器快速攪打至混合物起泡並泛白。將奶油加熱至融化，接著和牛乳一起倒入上述混合物中並攪拌均勻。將低筋麵粉、泡打粉和鹽倒在一起，緩緩過篩加入攪拌。麵糊必須均勻且不結塊。再倒入融化的巧克力並加以攪拌。

2. 將烤箱預熱至200℃（熱度6-7）。將香蕉剝皮並切成很薄的薄片。用水果刀為洋梨削皮，切成4塊後去掉果核。用切片器將每塊洋梨切成很薄的薄片，和香蕉片一一放入麵糊中。輕輕地攪拌均勻，用麵糊包覆水果。

3. 用糕點刷為模型刷上奶油並撒上麵粉，接著迅速地將模型倒扣地敲在工作檯上，以去除多餘的麵粉。倒入均勻包裹了麵糊的水果，用抹刀將表面抹平。烘烤35-40分鐘，表面必須烤成金黃色。

4. 放至微溫後切塊。您可在微溫或冷卻後品嚐這隱形蛋糕。

L'invisible
mangue et rhubarbe

芒果大黃隱形蛋糕

6人份 ● 準備時間：25分鐘 ● 靜置時間：2小時 ● 烹調時間：35-40分鐘

Les Ingrédients

fruit 水果

大黃的莖 (tiges de rhubarbe) ... 300克
細砂糖 30克
不會過熟的芒果 .... 2大顆（約800克）

pâte 麵糊

全蛋 2顆
紅糖 50克
奶油 20克
牛乳 100毫升
低筋麵粉 70克
泡打粉 11克
鹽 1撮

直徑20公分的圓形模型
（或邊長20公分的方形烤模）

室溫放軟的奶油 30克
低筋麵粉 30克

La Recette 配方

1. 清洗大黃，並去掉莖的兩端，接著用水果刀削皮。用切片器將大黃切成很薄的薄片，撒上細砂糖拌勻，再放入置於容器上方的濾網 (passoire) 中，讓大黃片靜置排水2小時。

2. 製作麵糊。將全蛋打在容器中，並倒入糖。用網狀攪拌器快速攪打至混合物起泡並泛白。將奶油加熱至融化，接著和牛乳一起倒入上述混合物中並攪拌均勻。將低筋麵粉、泡打粉和鹽倒在一起，緩緩過篩加入攪拌。麵糊必須均勻且不結塊。

3. 將烤箱預熱至200℃（熱度6-7）。用鋸齒狀削皮刀 (économe micro-dentelé) 或刀子為芒果削皮。用切片器將第一面芒果切成很薄的薄片，一直切至果核處，然後翻到另一面，重複同樣的步驟，一直切至果核。將所有的芒果薄片縱切成兩半或三等份。將芒果薄片和瀝乾的大黃一一放入麵糊中。輕輕地攪拌，讓麵糊包覆水果。

4. 用糕點刷為模型刷上奶油並撒上麵粉，接著迅速地將模型倒扣地敲在工作檯上，以去除多餘的麵粉。倒入均勻包裹了麵糊的水果薄片，用抹刀將表面抹平。烘烤35分鐘，表面必須烤成金黃色。

5. 放至微溫後切塊。您可在微溫或冷卻後品嚐這隱形蛋糕。

L'invisible
ananas au lait de coco

鳳梨椰漿隱形蛋糕

6人份 ● 準備時間：20分鐘 ● 烹調時間：35-40分鐘

Les Ingrédients

鳳梨 1顆
全蛋 2顆
紅糖 50克
奶油 20克
椰漿（lait de coco）............... 100毫升
低筋麵粉 70克
泡打粉 11克
肉桂粉 1小匙
鹽 1撮

servir 擺盤

椰肉絲（copeaux de noix de coco）
.... 50克

直徑20公分的圓形模型
（或邊長20公分的方形烤模）

室溫放軟的奶油 30克
低筋麵粉 30克

Astuce 小訣竅

若您不喜歡偏硬的鳳梨芯，可在將鳳梨切片時用切割器將芯去除。

La Recette 配方

1. 製作麵糊。將全蛋打在容器中，並倒入糖。用網狀攪拌器快速攪打至混合物起泡並泛白。將奶油加熱至融化，接著和椰漿一起倒入上述混合物中並攪拌均勻。將低筋麵粉、泡打粉、肉桂粉和鹽倒在一起，緩緩過篩加入攪拌。麵糊必須均勻且不結塊。

2. 將烤箱預熱至200℃（熱度6-7）。用鋸齒刀切除鳳梨的頭尾兩端並削皮，務必要挖去「芽目」。用刀或切片器將鳳梨切成很薄的薄片，一一放入麵糊中，加以攪拌，用麵糊完整包覆水果。

3. 用糕點刷為模型刷上奶油並撒上麵粉，接著迅速地將模型倒扣地敲在工作檯上，以去除多餘的麵粉。倒入均勻包裹了麵糊的鳳梨片，用抹刀將表面抹平。烘烤35-40分鐘，表面必須烤成金黃色。

4. 放至微溫後撒上椰肉絲並切塊。您可在微溫或冷卻後品嚐這隱形蛋糕。

L'invisible
carambole au rhum ambré

琥珀蘭姆楊桃隱形蛋糕

6人份 ● 準備時間：20分鐘 ● 烹調時間：35-40分鐘

Les Ingrédients

楊桃 4顆
蘋果（pink lady、golden 或
reine des reinettes 品種）.............. 3顆
全蛋 2顆
紅糖 50克
奶油 20克
牛乳 100毫升
琥珀蘭姆酒（rhum ambré）.......... 1大匙
低筋麵粉 70克
泡打粉 11克
鹽 1撮

直徑20公分的圓形模型
（或邊長20公分的方形烤模）

室溫放軟的奶油 30克
低筋麵粉 30克

Astuce 小訣竅

您可在麵糊的材料中額外加入30克的糖，讓隱
形蛋糕更加美味。

La Recette 配方

1. 製作麵糊。將全蛋打在容器中，並倒入糖。用
網狀攪拌器快速攪打至混合物起泡並泛白。將奶油
加熱至融化，接著和牛乳、琥珀蘭姆酒一起倒入上
述混合物中並攪拌均勻。將低筋麵粉、泡打粉和鹽
倒在一起，緩緩過篩加入攪拌。麵糊必須均勻且不
結塊。

2. 將烤箱預熱至200˚C（熱度6-7）。清洗楊桃並將
兩端切去，接著用切片器切成很薄的薄片。用水果
刀將蘋果削皮並切成4塊，接著去掉果核。用切片
器將每塊蘋果切成很薄的薄片，一一放入麵糊中，
加以攪拌，用麵糊完整包覆水果。

3. 用糕點刷為模型刷上奶油並撒上麵粉，接著迅
速地將模型倒扣地敲在工作檯上，以去除多餘的麵
粉。倒入均勻包裹了麵糊的水果，用抹刀將表面抹
平。烘烤35-40分鐘，表面必須烤成金黃色。

4. 放至微溫後切塊。您可在微溫或冷卻後品嚐這
隱形蛋糕。

L'invisible
d'Halloween

萬聖節隱形蛋糕

6人份 • 準備時間：25分鐘 • 烹調時間：35-40分鐘

Les Ingrédients

南瓜	1公斤
胡桃(noix de pécan)	80克
全蛋	2顆
紅糖	50克
奶油	20克
牛乳	100毫升
低筋麵粉	70克
泡打粉	11克
四香粉	1/2小匙
肉桂粉(quatre-épices)	1小匙
薑粉	1/2小匙
鹽	1撮

直徑20公分的圓形模型
(或邊長20公分的方形烤模)

室溫放軟的奶油	30克
低筋麵粉	30克

＊四香粉(quatre-épices)混合了薑粉、肉桂、丁香、肉豆蔻…等香料製成。

La Recette 配方

1. 製作麵糊。將胡桃切碎。將全蛋打在容器中，並倒入糖。用網狀攪拌器快速攪打至混合物起泡並泛白。將奶油加熱至融化，接著和牛乳、切碎的胡桃一起倒入上述混合物中並攪拌均勻。將低筋麵粉、泡打粉、香料粉和鹽倒在一起，緩緩過篩加入攪拌。麵糊必須均勻且不結塊。

2. 將烤箱預熱至200℃(熱度6-7)。將南瓜削皮，並依大小切成3或4塊。用切片器將每塊南瓜切成很薄的薄片。一一放入麵糊中。輕輕地攪拌均勻，用麵糊包覆水果。

3. 用糕點刷為模型刷上奶油並撒上麵粉，接著迅速地將模型倒扣地敲在工作檯上，以去除多餘的麵粉。倒入均勻包裹了麵糊的南瓜片，用抹刀將表面抹平。烘烤35-40分鐘，表面必須烤成金黃色。

4. 放至微溫後切塊。您可在微溫或冷卻後品嚐這隱形蛋糕。

L'invisible
kaki et vanille

香草柿子隱形蛋糕

6人份 • 準備時間：20分鐘 • 烹調時間：35-40分鐘

Les Ingrédients

不會過熟的柿子（Kakis） 3-4顆
（約900克）
香草莢 1根
全蛋 2顆
紅糖 50克
奶油 20克
牛乳 100毫升
低筋麵粉 70克
泡打粉 11克
鹽 1撮

直徑20公分的圓形模型
（或邊長20公分的方形烤模）

室溫放軟的奶油 30克
低筋麵粉 30克

Astuce 小訣竅

為了方便製作，可先將柿子切成4塊後再切成薄片。亦可在麵糊的材料中額外加入30克的糖，讓隱形蛋糕更加美味。

La Recette 配方

1. 製作麵糊。用小刀將香草莢剖開成兩半，並將內部的籽刮出。將全蛋打在容器中，並倒入糖和香草籽。用網狀攪拌器快速攪打至混合物起泡並泛白。將奶油加熱至融化，接著和牛乳一起倒入上述混合物中並攪拌均勻。將低筋麵粉、泡打粉和鹽倒在一起，緩緩過篩加入攪拌。麵糊必須均勻且不結塊。

2. 將烤箱預熱至200℃（熱度6-7）。用鋸齒狀削皮刀或鋒利的刀為柿子削皮。用切片器將柿子切成很薄的薄片，一一放入麵糊中。輕輕地攪拌均勻，用麵糊包覆水果。

3. 用糕點刷為模型刷上奶油並撒上麵粉，接著迅速地將模型倒扣地敲在工作檯上，以去除多餘的麵粉。倒入均勻包裹了麵糊的柿子片，用抹刀將表面抹平。烘烤35-40分鐘，表面必須烤成金黃色。

4. 放至微溫後切塊。您可在微溫或冷卻後品嚐這隱形蛋糕。

L'invisible
comme un carrot cake

胡蘿蔔隱形蛋糕

6人份 • 準備時間：20分鐘 • 烹調時間：35-40分鐘

Les Ingrédients

胡蘿蔔 .... 6-8根（約900克）
核桃（Noix）.......................... 80克

pâte 麵糊

未經加工處理的柳橙（皮）................ 1顆
全蛋 2顆
紅糖 50克
奶油 20克
牛乳 100毫升
香草精 1小匙
肉荳蔻粉（muscade en poudre）
.... 1小平匙
肉桂粉 2小平匙
薑粉 1小匙
低筋麵粉 70克
泡打粉 11克
鹽 1撮

直徑20公分的圓形模型
（或邊長20公分的方形烤模）

室溫放軟的奶油 30克
低筋麵粉 30克

La Recette 配方

1. 製作麵糊。為柳橙刨下皮。將全蛋打在容器中，並倒入糖。用網狀攪拌器快速攪打至混合物起泡並泛白。將奶油加熱至融化，接著和牛乳、香草精、香料粉、柳橙皮一起倒入上述混合物中並攪拌均勻。將低筋麵粉、泡打粉和鹽倒在一起，接著緩緩過篩加入攪拌。麵糊必須均勻且不結塊。

2. 將烤箱預熱至200℃（熱度6-7）。將胡蘿蔔削皮，並將兩端切去，接著縱切成兩半。用切片器將每塊胡蘿蔔切成很薄的薄片，一一放入麵糊中。輕輕地攪拌均勻，用麵糊包覆胡蘿蔔片。以刀將核桃切碎，加入麵糊中；再度攪拌均勻。

3. 用糕點刷為模型刷上奶油並撒上麵粉，接著迅速地將模型倒扣地敲在工作檯上，以去除多餘的麵粉。倒入均勻包裹了麵糊的胡蘿蔔片與核桃碎，用抹刀將表面抹平。烘烤35-40分鐘，表面必須烤成金黃色。

4. 放至微溫後切塊。您可在微溫或冷卻後品嚐這隱形蛋糕。

L'invisible
mangue et citron vert

青檸芒果隱形蛋糕

6人份 ● 準備時間：25分鐘 ● 烹調時間：35-40分鐘

Les Ingrédients

不要過熟的芒果 ....2-3顆（約900克）
青檸檬（皮） 1顆
全蛋 2顆
紅糖 50克
奶油 20克
椰漿 100毫升
低筋麵粉 70克
泡打粉 11克
鹽 1撮

直徑20公分的圓形模型
（或邊長20公分的方形烤模）

室溫放軟的奶油 30克
低筋麵粉 30克

Astuce 小訣竅

您可在麵糊的材料中額外加入30克的糖，讓隱形蛋糕更加美味。

La Recette 配方

1. 製作麵糊。刨下青檸檬皮。將全蛋打在容器中，並倒入糖。用網狀攪拌器快速攪打至混合物起泡並泛白。將奶油加熱至融化，接著和青檸皮、椰漿一起倒入上述混合物中並攪拌均勻。將低筋麵粉、泡打粉和鹽倒在一起，緩緩過篩加入攪拌。麵糊必須均勻且不結塊。

2. 將烤箱預熱至200℃（熱度6-7）。用鋸齒狀的削皮刀或刀子為芒果削皮。用切片器將第一面芒果切成很薄的薄片，一直切至果核處，然後翻到另一面，重複同樣的步驟，一直切至果核。將所有的芒果薄片縱切成兩半或三等份。一一放入麵糊中。輕輕地攪拌均勻，用麵糊包覆所有芒果片。

3. 用糕點刷為模型刷上奶油並撒上麵粉，接著迅速地將模型倒扣地敲在工作檯上，以去除多餘的麵粉。倒入均勻包裹了麵糊的芒果片，用抹刀將表面抹平。烘烤35-40分鐘，表面必須烤成金黃色。

4. 放至微溫後切塊。您可在微溫或冷卻後品嚐這隱形蛋糕。

48

L'invisible
kiwi et pomme

奇異蘋果隱形蛋糕

6人份 ● 準備時間：20分鐘 ● 烹調時間：35-40分鐘

Les Ingrédients

蘋果（pink lady、golden 或
reine des reinettes品種）.............. 3顆
不要過熟的奇異果........................... 5顆
全蛋 2顆
紅糖 50克
奶油 20克
牛乳 100毫升
低筋麵粉 70克
泡打粉 11克
鹽 1撮

**直徑20公分的圓形模型
（或邊長20公分的方形烤模）**

室溫放軟的奶油 30克
低筋麵粉 30克

Astuce 小訣竅

您可在麵糊的材料中額外加入30克的糖，讓隱形蛋糕更加美味。也可使用單人份的小烤盅製作，烘烤時間可稍微縮短，但表面仍須烤成金黃色。

La Recette 配方

1. 製作麵糊。將全蛋打在容器中，並倒入糖。用網狀攪拌器快速攪打至混合物起泡並泛白。將奶油加熱至融化，接著和牛乳一起倒入上述混合物中並攪拌均勻。將低筋麵粉、泡打粉和鹽倒在一起，接著緩緩加入混合物中，一邊攪拌。麵糊必須均勻且不結塊。

2. 將烤箱預熱至200℃（熱度6-7）。用水果刀為蘋果削皮，切成4塊後挖去果核。用切片器將每塊蘋果切成很薄的薄片，一一放入麵糊中。輕輕地攪拌均勻。接著為奇異果去皮，切去兩端後，用切片器切成圓形薄片。同樣加入麵糊中，均勻包裹住水果。

3. 用糕點刷為模型刷上奶油並撒上麵粉，接著迅速地將模型倒扣地敲在工作檯上，以去除多餘的麵粉。倒入均勻包裹了麵糊的水果片，用抹刀將表面抹平。烘烤35-40分鐘，表面必須烤成金黃色。

4. 放至微溫後切塊。您可在微溫或冷卻後品嚐這隱形蛋糕。

L'invisible
banane et ananas

香蕉鳳梨隱形蛋糕

6人份 • 準備時間：20分鐘 • 烹調時間：35-40分鐘

Les Ingrédients

鳳梨	1小顆
不要過熟的香蕉	3根
全蛋	2顆
紅糖	50克
奶油	20克
椰漿	100毫升
低筋麵粉	70克
泡打粉	11克
鹽	1撮

直徑20公分的圓形模型
（或邊長20公分的方形烤模）

室溫放軟的奶油	30克
低筋麵粉	30克

La Recette 配方

1. 製作麵糊。將全蛋打在容器中，並倒入糖。用網狀攪拌器快速攪打至混合物起泡並泛白。將奶油加熱至融化，接著和椰漿一起倒入並攪拌均勻。將低筋麵粉、泡打粉和鹽倒在一起，接著緩緩地過篩加入攪拌。麵糊必須均勻且不結塊。

2. 將烤箱預熱至200℃（熱度6-7）。用鋸齒刀切除鳳梨的頭尾兩端並削皮，務必要挖去「芽目」。用刀或切片器將鳳梨切成很薄的薄片，放入麵糊中。將香蕉剝皮並切成很薄的圓形薄片，一一加進麵糊中。攪拌，用麵糊包覆水果。

3. 用糕點刷為模型刷上奶油並撒上麵粉，接著迅速地將模型倒扣地敲在工作檯上，以去除多餘的麵粉。倒入均勻包裹了麵糊的水果，用抹刀將表面抹平。烘烤35-40分鐘，表面必須烤成金黃色。

4. 放至微溫後切塊。您可在微溫或冷卻後品嚐這隱形蛋糕。

L'invisible
pomme de terre et beaufort

伯福特乳酪馬鈴薯隱形蛋糕

6人份 • 準備時間：20分鐘 • 烹調時間：35-40分鐘

Les Ingrédients

馬鈴薯（agata、roseval 品種）.... 800克
現刨伯福特乳酪（Beaufort）絲 50克

pâte 麵糊

新鮮百里香 3株
全蛋 2顆
橄欖油 1大匙
牛乳 100毫升
低筋麵粉 70克
泡打粉 11克
鹽 2至3撮
胡椒 研磨罐轉2-3圈

直徑20公分的圓形模型
（或邊長20公分的方形烤模）

橄欖油 1大匙
低筋麵粉 30克

Astuce 小訣竅

若在正方形模型中製作這道鹹味隱形蛋糕，您可在放涼後切成小塊來做為開胃小點。待完全冷卻後會比較好切。

La Recette 配方

1. 製作麵糊。將百里香的葉片摘下。將全蛋打在容器中，倒入橄欖油、牛乳、百里香葉。用網狀攪拌器快速攪打至混合物略為起泡。將低筋麵粉、泡打粉、鹽和胡椒倒在一起，緩緩過篩加入攪拌。麵糊必須均勻且不結塊。

2. 將烤箱預熱至200℃（熱度6-7）。為馬鈴薯削皮。用切片器將馬鈴薯切成很薄的薄片，清洗後擺在潔淨的毛巾上晾乾。一一放入麵糊中。輕輕地攪拌均勻，用麵糊包覆馬鈴薯。

3. 為模型塗上油並撒上麵粉，接著迅速地將模型倒扣地敲在工作檯上，以去除多餘的麵粉。倒入均勻包裹了麵糊的馬鈴薯，用抹刀將表面抹平。撒上伯福特乳酪絲。烘烤35-40分鐘，表面必須烤成金黃色。

4. 放至微溫後切塊。您可在微溫或冷卻後品嚐這隱形蛋糕。

L'invisible
courgette et chèvre frais

新鮮羊乳酪櫛瓜隱形蛋糕

6人份 • 準備時間：20分鐘 • 烹調時間：35-40分鐘

Les Ingrédients

櫛瓜（courgette）.....800克（約4至5顆）
薄荷 2株
全蛋 2顆
新鮮羊乳酪（chèvre frais）.......... 100克
橄欖油 1大匙
牛乳 100毫升
低筋麵粉 70克
泡打粉 11克
鹽 2至3撮
胡椒 研磨罐轉2-3圈

直徑20公分的圓形模型
（或邊長20公分的方形烤模）

橄欖油 1大匙
低筋麵粉 30克

Astuce 小訣竅

若在長方形模型中製作這道鹹味隱形蛋糕，您可
在放涼後切成小塊來做為開胃小點。

La Recette 配方

1. 製作麵糊。將薄荷的葉片摘下並剪碎。將全蛋
打在容器中，加入新鮮羊乳酪，用網狀攪拌器快速
攪打，接著倒入橄欖油、牛乳，並加入薄荷碎。將
低筋麵粉、泡打粉、鹽和胡椒倒在一起，緩緩過篩
加入攪拌。麵糊必須均勻且不結塊。

2. 將烤箱預熱至200℃（熱度6-7）。將櫛瓜的兩端
切去，並將一半的櫛瓜削皮。用切片器將全部的櫛
瓜切成很薄的圓形薄片，一一放入麵糊中。輕輕地
攪拌均勻，用麵糊包覆櫛瓜片。

3. 為模型塗上油並撒上麵粉，接著迅速地將模型
倒扣地敲在工作檯上，以去除多餘的麵粉。倒入
均勻包裹了麵糊的櫛瓜，用抹刀將表面抹平。烘烤
35-40分鐘，表面必須烤成金黃色。

4. 放至完全冷卻後比較容易切塊。您可在微溫或
冷卻後品嚐這隱形蛋糕。

L'invisible

fenouil et carottes au gouda vieux

陳年高達乳酪茴香胡蘿蔔隱形蛋糕

6人份 ● 準備時間：25分鐘 ● 烹調時間：35-40分鐘

Les Ingrédients

球莖茴香（fenouil）........................ 1大顆
胡蘿蔔.. 4大根
現刨陳年高達乳酪（Gouda vieux）絲
.... 60克

pâte 麵糊

全蛋 2顆
核桃油（huile de noix）............... 1大匙
濃味芥末醬（moutarde forte）滿滿1小匙
牛乳 100毫升
小茴香粉（cumin en poudre）...... 2小匙
茴香籽（graines d'anis）............. 1小匙
低筋麵粉...................................... 70克
泡打粉.. 11克
鹽 2至3撮
胡椒 研磨罐轉2-3圈

直徑20公分的圓形模型
（或邊長20公分的方形烤模）

橄欖油.. 1大匙
低筋麵粉...................................... 30克

Astuce 小訣竅

蛋糕出爐後，待完全冷卻後會比較好切。

La Recette 配方

1. 製作麵糊。將全蛋打在容器中，加入油、芥末、牛乳、小茴香粉和茴香籽。用網狀攪拌器快速攪拌。將低筋麵粉、泡打粉、鹽和胡椒倒在一起。緩緩過篩加入攪拌。麵糊必須均勻且不結塊。

2. 將烤箱預熱至200℃（熱度6-7）。清洗球莖茴香，將葉柄部分去掉。縱切成兩半，並用刀尖挖去底部堅硬的部分。為胡蘿蔔削皮並切去兩端，接著縱切成兩半。用切片器將蔬菜切成很薄的薄片，一一放入麵糊中。輕輕地攪拌均勻，用麵糊包覆蔬菜片。

3. 為模型塗上油並撒上麵粉，接著迅速地將模型倒扣地敲在工作檯上，以去除多餘的麵粉。倒入均勻包裹了麵糊的蔬菜片，用抹刀將表面抹平。撒上陳年高達乳酪絲。烘烤35-40分鐘，表面必須烤成金黃色。

4. 放至微溫後切塊。您可在微溫或冷卻後品嚐這隱形蛋糕。

L'invisible

pomme de terre, jambon et champignons

馬鈴薯火腿蘑菇隱形蛋糕

6人份 • 準備時間：35分鐘 • 烹調時間：35-40分鐘

Les Ingrédients

馬鈴薯（roseval品種）................. 600克
白火腿（Jambon blanc）............... 3片

champignons 蘑菇

大朵的巴黎蘑菇（champignons de Paris）
.... 300克
甘蔥（echalote）........................... 2顆
橄欖油... 50毫升
鹽 1大撮
奶油.. 25克

pâte 麵糊

全蛋 2顆
橄欖油.. 1大匙
牛乳... 100毫升
低筋麵粉...................................... 70克
泡打粉 11克
鹽 2-3撮
胡椒 研磨罐轉2-3圈

直徑20公分的圓形模型
（或邊長20公分的方形烤模）

橄欖油.. 1大匙
低筋麵粉....................................... 30克

La Recette 配方

1. 快速清洗蘑菇，放在乾毛巾上瀝乾。將蘑菇的蒂頭切去，然後將蘑菇切成薄片。將甘蔥剝皮並切碎。在平底煎鍋（poêle）中熱橄欖油，加入蘑菇；加鹽，以旺火炒約3-4分鐘。加入切碎的甘蔥，加鹽和胡椒調味。蘑菇一開始變成金黃色，就加入奶油，並繼續炒2-3分鐘，不時攪拌。將水分炒乾。

2. 製作麵糊。將全蛋打在容器中，倒入橄欖油和牛乳。用網狀攪拌器快速攪打至混合物略為起泡。將低筋麵粉、泡打粉、鹽和胡椒倒在一起，緩緩過篩加入攪拌。麵糊必須均勻且不結塊。

3. 將烤箱預熱至200℃（熱度6-7）。為馬鈴薯削皮。用切片器（或食物調理機切盤）將馬鈴薯切成很薄的圓形薄片，沖洗後擺在潔淨的毛巾上晾乾。一一放入麵糊中。輕輕地攪拌均勻，用麵糊包覆馬鈴薯。將白火腿片切丁。和炒過的蘑菇一起加入麵糊中，攪拌均勻。

4. 為模型塗上油並撒上麵粉，接著迅速地將模型倒扣地敲在工作檯上，以去除多餘的麵粉。倒入麵糊，用抹刀將表面抹平。烘烤35-40分鐘，表面必須烤成金黃色。

L'invisible
navet, miel et chèvre

蕪菁蜂蜜山羊乳酪隱形蛋糕

6人份 ● 準備時間：25分鐘 ● 烹調時間：35-40分鐘

Les Ingrédients

圓頭蕪菁（navet rond）
.....................850克（約10顆）
圓桶狀山羊乳酪（bûche de chèvre）
.... 100克

pâte 麵糊

全蛋 2顆
橄欖油 1大匙
迷迭香蜜（Miel de romarin）（或百里香蜜）
.... 1大匙＋山羊乳酪用蜂蜜少許
牛乳 100毫升
低筋麵粉 70克
泡打粉 11克
鹽 2至3撮
胡椒 研磨罐轉2-3圈

直徑20公分的圓形模型
（或邊長20公分的方形烤模）

橄欖油 1大匙
低筋麵粉 30克

La Recette 配方

1. 製作麵糊。將全蛋打在容器中，用網狀攪拌器快速攪打略為起泡。接著倒入橄欖油、蜂蜜和牛乳，攪拌均勻。將低筋麵粉、泡打粉、鹽和胡椒倒在一起，緩緩過篩加入攪拌。麵糊必須均勻且不結塊。

2. 將烤箱預熱至200°C（熱度6-7）。為蕪菁削皮。用切片器將每顆蕪菁切成很薄的圓形薄片，一一放入麵糊中。輕輕地攪拌均勻，用麵糊包覆蕪菁片。

3. 用小刀將圓桶狀乳酪切成圓形薄片。為模型塗上油並撒上麵粉，接著迅速地將模型倒扣地敲在工作檯上，以去除多餘的麵粉。倒入以麵糊包裹的蕪菁片，用抹刀將表面抹平。在表面鋪上乳酪片，接著淋上少許蜂蜜。烘烤35-40分鐘，表面必須烤成金黃色。

4. 放至微溫後切塊。您可在微溫或冷卻後品嚐這隱形蛋糕。

Astuce 小訣竅

若在正方形模型中製作這道蛋糕，您可在放涼後切成小塊做為開胃小點。待完全冷卻後會比較好切。

L'invisible
poireau au comté

孔泰乳酪韭蔥隱形蛋糕

6人份 • 準備時間：20分鐘 • 烹調時間：35-40分鐘

Les Ingrédients

韭蔥（poireaux）.........6大棵（約900克）
孔泰乳酪絲（Comté râpé）............ 40克

pâte 麵糊

全蛋 2顆
橄欖油 1大匙
牛乳 100毫升
低筋麵粉 70克
泡打粉 11克
鹽 2至3撮
胡椒 研磨罐轉2-3圈

直徑20公分的圓形模型
（或邊長20公分的方形烤模）

橄欖油 1大匙
低筋麵粉 30克

Astuce 小訣竅

待蛋糕完全冷卻後會比較好切。您可用微波的方式將蛋糕快速加熱，或是鋪上鋁箔紙烘烤幾分鐘。

La Recette 配方

1. 製作麵糊。將全蛋打在容器中，用網狀攪拌器快速攪打至略為起泡。接著倒入橄欖油和牛乳，攪拌均勻。將低筋麵粉、泡打粉、鹽和胡椒倒在一起，緩緩過篩加入攪拌。麵糊必須均勻且不結塊。

2. 將烤箱預熱至200℃（熱度6-7）。切去韭蔥的底部和2/3的綠色部分。用切片器將每棵韭蔥切成很薄的圓形薄片，一一放入麵糊中。輕輕地攪拌均勻，用麵糊包覆韭蔥。

3. 為模型塗上油並撒上麵粉，接著迅速地將模型倒扣地敲在工作檯上，以去除多餘的麵粉。倒入以麵糊包裹的韭蔥片，用抹刀將表面抹平。撒上孔泰乳酪絲。烘烤35-40分鐘，表面必須烤成金黃色。

4. 放至微溫後切塊。您可在微溫或冷卻後品嚐這隱形蛋糕。

L'invisible
topinambour à la muscade

菊芋肉荳蔻隱形蛋糕

6人份 ● 準備時間：20分鐘 ● 烹調時間：35-40分鐘

Les Ingrédients

菊芋（又稱洋薑topinambour）..... 900克
迷迭香 1枝
牛乳 100毫升
全蛋 2顆
橄欖油 1大匙
低筋麵粉 70克
泡打粉 11克
肉荳蔻粉（noix muscade râpée） 1大撮
鹽 2至3撮
胡椒 研磨罐轉2-3圈

直徑20公分的圓形模型
（或邊長20公分的方形烤模）

橄欖油 1大匙
低筋麵粉 30克
大蒜 1瓣

Astuce 小訣竅

若在正方形模型中製作這道鹹味隱形蛋糕，您可在放涼後切成小塊做為開胃小點。待完全冷卻後會比較好切。

La Recette 配方

1. 製作麵糊。將迷迭香的葉片摘下。在小型的平底深鍋中將牛乳和迷迭香加熱；第一次煮沸時，將火關掉，浸泡待完全冷卻後將牛乳過濾。將全蛋打在容器中，接著倒入橄欖油和過濾的牛乳。用網狀攪拌器快速攪打至混合物略為起泡。將低筋麵粉、泡打粉、肉荳蔻粉、鹽和胡椒倒在一起，緩緩過篩加入攪拌。麵糊必須均勻且不結塊。

2. 將烤箱預熱至200℃（熱度6-7）。將菊芋削皮，並用水沖洗。用切片器將菊芋切成很薄的圓形薄片。一一放入麵糊中。輕輕地攪拌均勻，用麵糊包覆菊芋。

3. 將蒜瓣剝皮。為模型擦上大蒜，接著用糕點刷刷上油；撒上低筋麵粉，接著迅速地將模型倒扣地敲在工作檯上，以去除多餘的麵粉。倒入以麵糊包裹的菊芋片，用抹刀將表面抹平。烘烤35-40分鐘，表面必須烤成金黃色。

L'invisible
betterave au cumin

小茴香甜菜隱形蛋糕

6人份 • 準備時間：20分鐘 • 烹調時間：35-40分鐘

Les Ingrédients

馬鈴薯（agata、roseval品種）.... 500克
生的紅甜菜（betterave rouge）... 300克
全蛋 2顆
橄欖油 1大匙
牛乳 100毫升
芥菜籽（graines de moutarde）...1大匙
小茴香籽（graines de cumin）..... 1大匙
低筋麵粉 70克
泡打粉 11克
鹽 2至3撮
胡椒 研磨罐轉2-3圈

直徑20公分的圓形模型
（或邊長20公分的方形烤模）

橄欖油 1大匙
低筋麵粉 30克

Variante 變化

為了讓蛋糕變得更加美味，您可在烘烤前在表面撒上50克的孔泰乳酪絲（comté râpé）。

Astuce 小訣竅

若要製作單人版的隱形蛋糕，可在鋪有烤盤紙的烤盤上，擺上金屬製的圓形中空模（cercle）。填入麵糊，烘烤約20分鐘。

La Recette 配方

1. 製作麵糊。將全蛋打在容器中，接著倒入橄欖油、牛乳、芥菜籽和小茴香籽。用網狀攪拌器快速攪打至混合物略為起泡。將低筋麵粉、泡打粉、鹽和胡椒倒在一起，緩緩過篩加入攪拌。麵糊必須均勻且不結塊。

2. 將烤箱預熱至200℃（熱度6-7）。將馬鈴薯和甜菜削皮。用切片器切成很薄的圓形薄片，馬鈴薯片清洗後擺在潔淨的毛巾上晾乾（甜菜片不必清洗）。將蔬菜薄片一一放入麵糊中。輕輕地攪拌均勻，用麵糊包覆蔬菜薄片。

3. 用糕點刷為模型刷上油並撒上低筋麵粉，接著迅速地將模型倒扣地敲在工作檯上，以去除多餘的麵粉。倒入以麵糊包裹的馬鈴薯片和甜菜片，用抹刀將表面抹平。烘烤35-40分鐘，表面必須烤成金黃色。

4. 放至微溫後切塊。您可在微溫或冷卻後品嚐這隱形蛋糕。

L'invisible

patate douce et radis noir au gingembre

薑香甘薯黑蘿蔔隱形蛋糕

6人份 • 準備時間：30分鐘 • 烹調時間：35-40分鐘

Les Ingrédients

甘薯（白肉或紅肉） 500克
黑皮蘿蔔（radis noir） 1大根
新鮮生薑 3公分
香菜 1/2束
全蛋 2顆
橄欖油 1大匙
芥菜籽（graines de moutarde） ... 1大匙
牛乳 100毫升
低筋麵粉 70克
泡打粉 11克
鹽 2至3撮
胡椒 研磨罐轉2-3圈

直徑20公分的圓形模型
（或邊長20公分的方形烤模）

橄欖油 1大匙
低筋麵粉 30克

Astuce 小訣竅

若在正方形模型中製作這道鹹味隱形蛋糕，您可在放涼後切成小塊做為開胃小點。待完全冷卻後會比較好切。

La Recette 配方

1. 製作麵糊。為薑削皮並切成細末。清洗香菜，晾乾、摘下葉片，接著剪碎。將全蛋打在容器中，倒入橄欖油、香菜、薑、芥菜籽和牛乳。用網狀攪拌器快速攪打至混合物略為起泡。將低筋麵粉、泡打粉、鹽和胡椒倒在一起，緩緩過篩加入攪拌。麵糊必須均勻且不結塊。

2. 將烤箱預熱至200℃（熱度6-7）。將甘薯削皮。清洗黑皮蘿蔔，並將兩端切去。用切片器切成很薄的圓形薄片。一一放入麵糊中。輕輕地攪拌均勻，用麵糊包覆甘薯片和黑皮蘿蔔片。

3. 為模型塗上油並撒上麵粉，接著迅速地將模型倒扣地敲在工作檯上，以去除多餘的麵粉。倒入以麵糊包裹的甘薯片和黑蘿蔔片，用抹刀將表面抹平。烘烤35-40分鐘，表面必須烤成金黃色。

4. 放至微溫後切塊。您可在微溫或冷卻後品嚐這隱形蛋糕。

L'invisible
potiron à la sauge et parmesan

帕馬森鼠尾草南瓜隱形蛋糕

6人份 ● 準備時間：25分鐘 ● 烹調時間：35-40分鐘

Les Ingrédients

南瓜 1公斤
鼠尾草（sauge）........................... 5株
全蛋 2顆
橄欖油 1大匙
牛乳 100毫升
低筋麵粉 70克
泡打粉 11克
鹽 2至3撮
胡椒 研磨罐轉2-3圈
帕馬森乳酪絲（Parmesan râpé）... 50克

直徑20公分的圓形模型
（或邊長20公分的方形烤模）

橄欖油 1大匙
低筋麵粉 30克

Astuce 小訣竅

若在正方形模型中製作這道鹹味隱形蛋糕，您可在放涼後切成小塊做為開胃小點。待完全冷卻後會比較好切。

La Recette 配方

1. 製作麵糊。將鼠尾草的葉片摘下，剪成細碎。將全蛋打在容器中，接著倒入橄欖油、鼠尾草和牛乳。用網狀攪拌器快速攪打至混合物略為起泡。將低筋麵粉、泡打粉、鹽和胡椒倒在一起。緩緩加入混合物中，一邊攪拌。麵糊必須均勻且不結塊。

2. 將烤箱預熱至200℃（熱度6-7）。將南瓜削皮，然後依大小切成3或4塊。用切片器將每塊南瓜切成很薄的圓形薄片。一一放入麵糊中。輕輕地攪拌均勻，用麵糊包覆南瓜。

3. 為模型塗上油並撒上麵粉，接著迅速地將模型倒扣地敲在工作檯上，以去除多餘的麵粉。倒入以麵糊包裹的南瓜片，用抹刀將表面抹平。撒上帕馬森乳酪絲烘烤35-40分鐘，表面必須烤成金黃色。

4. 放至微溫後切塊。您可在微溫或冷卻後品嚐這隱形蛋糕。

Joy Cooking

GÂTEAUX INVISIBLES 奇妙隱形蛋糕

作者　梅蘭妮‧馬汀Mélanie Martin

翻譯　林惠敏

出版者 / 出版菊文化事業有限公司　P.C. Publishing Co.

發行人　趙天德

總編輯　車東蔚

文案編輯　編輯部　美術編輯　R.C. Work Shop

台北市雨聲街77號1樓

TEL：(02)2838-7996　　FAX：(02)2836-0028

法律顧問　劉陽明律師　名陽法律事務所

初版日期　2015年11月

定價　新台幣280元

ISBN-13：9789866210372　　書　號　J110

讀者專線　(02)2836-0069

www.ecook.com.tw

E-mail　service@ecook.com.tw

劃撥帳號　19260956 大境文化事業有限公司

Gâteaux Invisibles
Copyright: © Hachette Livre(Hachette Pratique),Paris.
Mélanie Martin, Photographies Bernard Radvaner.
Traditional Chinese edition copyright: 2015 T.K. Publishing Co.
All rights reserved.

GÂTEAUX INVISIBLES 奇妙隱形蛋糕
梅蘭妮‧馬汀Mélanie Martin 著 初版. 臺北市：出版菊文化，
2015[民104]　80面；19×26公分. ----(Joy Cooking系列；110)
ISBN-13：9789866210372
1.點心食譜　　427.16　　　104019820

MUG CAKES

GÂTEAUX INVISIBLES 奇妙隱形蛋糕

請您填妥以下回函，免貼郵票投郵寄回，除了讓我們更了解您的需求外，
更可獲得大境文化＆出版菊文化一年一度會員獨享購書優惠！

1. 姓名：　　　　　　　性別：□男　□女　年齡：　　　　　　教育程度：　　　　　職業：
   連絡地址：□□□
   傳真：　　　　　　　電子信箱：

2. 您從何處購買此書？□縣市　　　　　書店/量販店
   □書展　□郵購　□網路　□其他

3. 您從何處得知本書的出版？
   □書店　□報紙　□雜誌　□書訊　□廣播　□電視　□網路
   □親朋好友　□其他

4. 您購買本書的原因？（可複選）
   □對主題有興趣　□生活上的需要　□工作上的需要　□出版社　□作者
   □價格合理（如果不合理，您覺得合理價錢應＄　　　　　）
   □除了食譜以外，還有許多豐富實用的資訊
   □版面編排　□拍照風格　□其他

5. 您經常購買哪類主題的食譜書？（可複選）
   □中菜　□中式點心　□西點　□歐美料理（請舉例）
   □日本料理　□亞洲料理（請舉例）
   □飲料冰品　□醫療飲食（請舉例）
   □飲食文化　□烹飪問答集　□其他

6. 什麼是您決定是否購買食譜書的主要原因？（可複選）
   □主題　□價格　□作者　□設計編排　□其他

7. 您最喜歡的食譜作者/老師？為什麼？

8. 您購買的食譜書有哪些？

9. 您希望我們未來出版何種主題的食譜書？

10. 您認為本書尚須改進之處？以及您對我們的建議？

 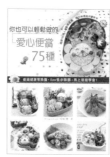   

沿 虛 線 剪 下

台北郵政 73-196 號信箱

大境（出版菊）文化　收

姓名：　　　　　電話：

地址：